radi designers

La collection design&designer est édité par
PYRAMYD ntcv
15 rue de Turbigo
75002 Paris France

Tél. : 33 (0) 1 40 26 00 99
Fax : 33 (0) 1 40 26 00 79
www.pyramyd-éditions.fr

Conception graphique du livre : Super Cinq
Conception graphique de la couverture : Pyramyd
Portraits de la couverture : Jean-Luc Guérin
Photographie 4ème de couverture: Philippe Chancel
Direction éditoriale : Michel Chanaud, Patrick Morin, Céline Remechido
Traduction : Gillian O'Meara
Correction : Christelle Capo-Chichi

ISBN : 2-910565-24-6

Dépôt légal : novembre 2002

Imprimé en Italie par Eurografica

radi designers

préfacé par gilles de bure

PYRAMYD

AFFABULATIONS

Embrasser d'un unique regard l'ensemble de la production des RADI Designers, c'est se trouver confronté à un étrange paysage.

L'œil court, cherche et rencontre une étonnante succession d'effets de mouvements et de contrastes, de formes tendues et contrariées, d'éclatements et de perspectives. La main dès lors, prend le relais, s'aventure au fil des pleins et des vides, s'émerveille d'un jeu dialectique qui oppose, confronte les effets optiques et les structures réelles. Les RADI, qui furent cinq et demeurent quatre[1], s'amusent, depuis dix ans, à faire exploser la multitude de leurs idées comme un feu d'artifice dans le ciel noir d'une époque infiniment plus productiviste, donc rigoriste, que poétique, constituant ainsi un catalogue d'objets et de signes, de choses et d'images qui, d'emblée, apparaissent comme des oracles fossilisés. Écrivain, dandy, boxeur professionnel, voyageur impénitent, ami de Cocteau, de Bérard, des Noailles et de Poiret, Arthur

CONFRONTING THE AFFABULOUS

To absorb the entire output of RADI Designers in a single viewing is to confront a strange landscape. The roving eye encounters an astonishing succession of effects: movement, contrast, shapes that are extended and interrupted, bursts and perspectives. Then the hand takes over, moving over the hills and valleys of these shapes, wondering at the dialectic game that pits optical effects against actual structures.

For the past ten years the RADI Designers – at one time five, now four[1] – have amused themselves by coming up with new ideas that have exploded on the scene like fireworks lighting up the night sky of an era infinitely more productive – and therefore rigorous – than poetic. In this way, they have built up a catalogue of objects and signs, items and images that at first, strike one as artefacts of prophecy. As Arthur Cravan – the writer, dandy, professional boxer, unrepentant traveller, friend of Cocteau, Bérard, the Noailles and Poiret – used to say, enjoying himself as he rapped it out, "Idiots

Cravan s'amusait lui aussi à marteler : "Les abrutis ne voient le beau que dans les belles choses." Que n'a t-on pas dit des RADI Designers et de leurs productions. De leur incapacité à se faufiler dans un moule, de leurs humeurs changeantes, de leur inspiration inclassable, de leur versatilité...

Stylistiquement non repérables, naviguant de la pièce unique au produit industriel, s'exprimant en solo, en duo ou en quatuor, ils sont à la fois célébrés et décriés, portés au pinacle et niés. Amusant et instructif paradoxe qui renvoie immédiatement au : "Tout ce qui est simple est faux, tout ce qui ne l'est pas est inutile", de l'inusable Paul Valéry. Bref, tenter de définir les RADI est un exercice périlleux, tant il est vrai que le terreau fertile où ils puisent en humoristes et en sociologues, en pervers polymorphes et satiriques, à l'instar d'un Mollino, d'un Pesce ou d'un Sottsass, donne, une fois modelé à plusieurs mains, un résultat rigolo et théâtral, inspiré et virtuose. À l'image de leurs *Whippet Bench*, *Sleeping Cat*, *Coffee Drop Splash* ou encore *Fabulations*... Lyriques et baroques, les RADI Designers le sont assurément. Dans son *Encyclopédie Nouvelle*, Alberto Savinio écrit : "L'homme intellectuellement non éduqué asso-

only see beauty in beautiful things." What hasn't been said about RADI Designers and their output? Of their incapacity to fit a mould, their changing moods, their category-defying inspiration, their versatility? Stylistically difficult to place, they navigate between the *pièce unique* and industrial production. Working alone or as a twosome or foursome, they are at once celebrated and disparaged, praised to the skies and repudiated. This amusing and instructive paradox immediately brings to mind the words of the timeless Paul Valéry: "All that is simple is false, all that isn't is useless."

In short, attempting to define the RADI Designers is a perilous exercise. The fertile soil in which they dig as humorists, sociologists, polymorphous perverts and satirists – after the fashion of Mollino, Pesce or Sottsass – once modelled by several hands, produces a result that is amusing, theatrical, inspired and brilliant.

Take their *Whippet Bench*, *Sleeping Cat*, *Coffee Drop Splash* or *Fabulations* installations...

The RADI Designers are certainly lyrical as well as baroque. In his *Encyclopédie Nouvelle*, Alberto Savinio writes: "The man who is not intellectually educated associates value and purpose. He scar-

cie valeur et but. Il ne pense guère que la vie peut aussi n'avoir aucun but, que Dieu peut bien y faire défaut. Il estime que l'action dépourvue de finalité n'est le fait que de créatures frivoles, ou carrément de fous. Il ne parvient pas à comprendre qu'il peut également se produire des actions – de 'grandes' actions – qui n'ont pas le moindre objectif. Par voie de conséquence, l'homme intellectuellement non éduqué ignore le lyrisme, cette chose dépourvue de finalité par excellence. Il ne sait absolument rien de l'homme lyrique en tant que type humain 'suprême'. Or, le lyrisme est une forme de vie, une intelligence, une action qui se situe par-delà toute finalité, au-delà de tout ce qui prend forme d'objectif concret et pratique, c'est-à-dire physique : le lyrisme est d'ordre métaphysique (et Dieu lui-même n'est qu'un objectif pratique, le premier et l'extrême objectif pratique que l'homme s'est fabriqué ici-bas). Les hommes confondent ce qui a besoin d'une raison d'être avec le lyrisme qui n'a nul besoin d'un but, car il est au-delà de tous les buts possibles."
Un lyrisme constant, qui chez les RADI, prend la forme non pas de l'image qui nous est donnée à voir, mais de ce à quoi elle nous renvoie. Soit, "le regard de l'accord" qui pour Pessoa

cely thinks that life can have no purpose, or that God could possibly be lacking. He considers that action without aim is the province of frivolous creatures, or outright madmen. He cannot understand that actions – 'great' actions – can be taken without the slightest purpose. Consequently, the intellectually uneducated person ignores lyricism, a thing utterly without purpose. He knows absolutely nothing about lyrical man as a 'supreme' type of human being. Whereas lyricism is a form of life, an intelligence, an action that goes beyond all finality, beyond everything that can have a concrete, practical – that is to say, physical – objective. Lyricism is metaphysical – even God is no more than a practical objective, the first and extreme objective that man set for himself on earth. People confuse that which needs a *raison d'être* with lyricism; lyricism has no need of purpose since it goes beyond all possible purposes."
With the RADI group, lyricism – which is ever present – takes the form not of the image that we see but of what that image reflects – the glance of harmony, which Pessoa thought best defined the essence of baroque.

définissait au plus près l'essence baroque. Les RADI sont-ils baroques ? Comment en douter au vu de ces formes qui se dilatent et se démultiplient, qui s'emboîtent et s'entrelacent... Face à ces jeux d'ondulation et de rythme, d'ellipse et d'exubérance, d'illusion et d'émotion, d'héroïsme et de sensualité, d'extase voluptueuse et d'ambiguïté savante. "Le baroque est un art de la présence" affirme Yves Bonnefoy. Chez les RADI, le "dire" baroque emprunte les voies de la courbe et de la contre-courbe, de l'élégance et de la légèreté, du vertige et du masque. Dix ans déjà. Au sortir des Ateliers, l'École nationale supérieure de création industrielle, les compères de RADI se trouvent bien ensemble et décident de ne pas se quitter.
Et d'emblée, jouent à réinventer le quotidien en détournant les objets les plus ordinaires qu'ils font vivre avec malice et poésie. Des essais avec peu de transformations, une incapacité à définir peut-être, une vraie légèreté, un petit vent frais qui se levait... Petit à petit, la malice et la poésie s'étoffent. Et apparaissent de drôles d'usages, inventifs, séduisants, décalés : un miroir, mais vibrant et qui donc brouille ; un biscuit au chocolat, mais qui ressemble, posé sur une tasse à café, à un jaillissement ; un briefcase, mais qui semble être le prolongement vague-

How could there be any doubt that the RADI Designers are baroque, given the shapes that expand and grow, that fit into or curl around each other? Given the play of undulation, rhythm, ellipse, exuberance, illusion, emotion, heroism and sensuality, voluptuous ecstasy and skilful ambiguity?
"Baroque is an art of presence", says Yves Bonnefoy. With the RADI Designers, the baroque "statement" becomes curves and counter-curves, elegance and lightness, giddiness and mask.
It's been ten years already. When they left the Ateliers, the French national high school of industrial creation, the RADI group got on well and decided to stay together.
From the outset, they reinvented the everyday by "corrupting" the most ordinary objects and bringing them to life with mischief and poetry. Their first efforts involved little actual transformation – perhaps that was an incapacity to define. There was a true lightness, the effect of a cool wind rising, however. Little by little, their mischief and poetry grew richer. And some curious objects began to appear, inventive, appealing, quirky: a mirror that vibrates and so blurs the image; a chocolate biscuit that, when put down on a cup of coffee, adopts the form of that coffee splashing; a briefcase

ment orthopédique de la main ; une banquette mais dont le profil est un chien ; un tapis rouge surmonté d'une cheminée factice avec un chat tissé et endormi... Des surprises, des finesses esthétiques douées de raison, une vraie fantaisie visuelle.
Les RADI s'affirment de plus en plus, entremêlant les références, brouillant les psychologies, manipulant les techniques, perturbant les codes, offrant aux objets qu'ils créent des possibilités combinatoires inédites. Chez eux, comme chez nombre de jeunes architectes et artistes, le phénomène d'évolution qui caractérise le monde depuis des siècles a cédé le pas au processus de mutation. Rien d'étonnant dès lors si ça n'est pas le monde traditionnel du design qui salue leur naissance, et les fait apparaître au grand jour. Leur "venue au monde" empruntera d'autres itinéraires, ceux de lieux ouverts, métissés, tels les galeries Emmanuel Perrotin et Kréo, la Fondation Cartier, le musée d'Art moderne de la Ville de Paris, la Villa Noailles à Hyères, la galerie Sandra Gering à New York... avec, dès les débuts, dans l'ombre, mais d'une efficacité redoutable et d'une fidélité sans faille, le tutélaire et transversal Didier Krzentowski. Et par-dessus tout, l'éblouissement de la Fondation Cartier. *Fabulations* y réunissait trente

that looks more like a vaguely orthopaedic extension of the hand; a bench that resembles a whippet; a red rug, on top of which is an artificial chimney with a woven dosing cat. Surprises, æsthetic niceties endowed with reason, real visual fantasy.
The RADI Designers are increasingly assertive, mixing references, jumbling schools of psychology, manipulating techniques, custom-tailoring rules, offering the objects they create hitherto unseen combinative possibilities. For them, as for many young architects and artists, the phenomenon of evolution, which has characterized the world for centuries, has given way to the process of change.
Hardly surprising, then, that it was not the traditional design world that welcomed their arrival on the scene and brought them into the limelight. Their "advent" was to take other routes: those of spaces open to all, hybrids such as the Emmanuel Perrotin and Kréo galleries, the Fondation Cartier, the musée d'Art moderne de la Ville de Paris, the Villa Noailles at Hyères, and the Sandra Gering Gallery in New York. In the shadows, right from the beginning, was their incredibly efficient, unfailingly loyal and unquestionably versatile "guardian", Didier Krzentowski.

lampes, dont les abat-jours, pivotant sur eux-mêmes, laissaient apparaître des papillons, des masques, des pierres précieuses, en une symphonie de faux-semblants. Trente abat-jours évocateurs de contes hypothétiques, suggestions d'histoires possibles restant à inventer...
Dix ans déjà, donc. Dix ans ponctués d'inventions, de productions, d'expositions, de publications. Dix années de luttes et de joies communes que vient conclure cette monographie. Ne pas croire pour autant que les quatre compères de Radi Designers ne font qu'un. Chacun d'entre eux, parfois, de plus en plus souvent, et sans jamais remettre en cause l'entité fondatrice, vole de ses propres ailes. Et lorsque FLorence, Laurent, Olivier ou Robert agissent en solo (autres aventures qu'il conviendra, un jour ou l'autre, de recenser), les Radi Designers deviennent les Radi libres. Libres, un mot qui leur va décidément bien au teint.
Aux confins de tant de disciplines et d'approches, qui leur font croiser des personnalités et des entités aussi diverses et plurielles qu'Issey Miyaké et Gaspard Yurkievich, Ricard et Schweppes, Cartier et Van Cleef & Arpels, Badoit et Swarovski..., les RADI ouvrent portes et fenêtres, affirment un engagement fondé sur l'esprit plus que sur le style, ancré sur la liberté

And above all, there was the stunning exhibition at the Fondation Cartier. *Fabulations* showed thirty lamps with pivoting lampshades on which appeared butterflies, masks, precious stones, all in a symphony of *trompe-l'œil*. Thirty lampshades that evoked hypothetical tales, suggestions of possible stories yet to be invented.
Ten years already, as we have said. Ten years filled with inventions, productions, exhibitions and publications. Ten years of combat and shared joys celebrated today by this monograph. That doesn't mean that the four friends who form RADI Designers are one. Sometimes, in fact increasingly often, without ever calling into question the group they founded together, each of them does his own thing. And when Florence, Laurent, Olivier or Robert go solo – in other artistic forays that would be good to chronicle at some point – the RADI designers become, could we say, free RADIcals. Punning aside, the word "free" definitely suits them. On the edges of so many disciplines and approaches – which brought them into contact with personalities and groups as varied and different as Issey Miyaké and Gaspard Yurkievich, Ricard and Schweppes, Cartier and Van Cleef & Arpels, Badoit and Swarovski

plus que sur la référence, et définitivement articulé sur la langue. Plus encore que la bonne forme ou la bonne image, le but qu'ils s'assignent est celui qui consiste à trouver le contour silencieux de la parole.

Chacune de leurs pièces affiche, bien évidemment, une individualité physique, affirme une existence en tant que matière. Mais plus encore, chacune de leurs pièces expose des situations de langage : monologues, dialogues, soliloques...

Dans sa préface au *Berlin Alexanderplatz* d'Alfred Döblin, Pierre Mac Orlan écrit : "... Une maison n'existe vraiment dans l'espace qu'à partir du moment où elle nous impose la quantité de littérature qu'elle contient. La force littéraire d'un immeuble est comparable, dans bien des cas, à celle d'un homme. La place Clichy est une somme de maisons, d'hommes, de femmes, de tramways, de taxis, de détails sentimentaux qui vont depuis le crime, jusqu'à l'honnêteté la plus médiocre. Il n'est point besoin de réduire ces fractions au même dénominateur pour les additionner, c'est-à-dire en faire un livre. La littérature accomplit cette opération." Les RADI Designers, à l'évidence, ont choisi la littérature plutôt que les sciences

– the RADI Designers open doors and windows, and affirm a commitment based on spirit rather than style, a commitment rooted in freedom rather than in references, and permanently linked to language. More than the right shape or the right image, the goal they have set themselves consists in finding the silent contour of the spoken word.

Every one of their designs obviously has its own individual physical identity, an existence asserted as matter. But more than that, each object presents language in at least one of its many forms: monologues, dialogues, soliloquys, etc.

In his preface to Alfred Döblin's *Berlin Alexanderplatz*, Pierre Mac Orlan writes: "A house only really exists in space when it imposes on us the quantity of literature it contains. The literary force of a building is comparable, in many cases, to that of a man. Place Clichy is a collection of houses, of men, women, tramways, taxis, sentimental details that go from crime to the most mediocre honesty. There is no need to reduce these fractions to a common denominator to add them up, *ie* to turn them into a book. Literature itself accomplishes that." Clearly, the RADI Designers have chosen lite-

humaines ; la poésie, la civilisation, l'émotion plutôt que la théorie, la culture, le savoir. C'est ce qui les rend tout à la fois atypiques et inclassables. Des designers qui travaillent non pas sur le produit, mais bien sur le design afin d'en faire apparaître toutes les ambiguïtés.
Ce qui n'en rend que plus lumineuses leurs affabulations.

Gilles de Bure

[1] "Qui sont les RADI Designers ? Derrière ce sigle en lettres capitales, empreint d'humour et de mystère tout à la fois, se cache un collectif qui compte aujourd'hui quatre designers : Florence Doléac, Laurent Massaloux, Olivier Sidet et Robert Stadler ; le groupe a été fondé en 1992 avec Claudio Colucci qui aujourd'hui poursuit son activité en solo."
Claire Fayolle *in* catalogue *Carte Blanche* du VIA.

rature rather than the human sciences, poetry, civilisation and emotion rather than theory, culture and knowledge. That's what makes them both atypical and unclassifiable. These designers work not on the product but on the design, in order to bring out all the rich ambiguities.
Which makes their fictions that much more RADIant.

Gilles de Bure

[1] "Who are the RADI Designers? Behind a name in capital letters that conveys both humour and mystery, there hides a group of four designers: Florence Doléac, Laurent Massaloux, Olivier Sidet and Robert Stadler. The group was founded in 1992 with Claudio Colucci, who now works alone." Claire Fayolle in the VIA *Carte Blanche* catalogue.

DESIGN DESIGN
HYÈRES 2000.
EXPOSITION À LA VILLA NOAILLES.

DESIGN DESIGN
HYÈRES 2000.
EXHIBITION AT VILLA NOAILLES.

I ♥ HYERES

REWIND-FAST FORWARD
PARIS 1998.
MUSÉE DE LA MODE ET DU TEXTILE
SCÉNOGRAPHIE DE L'EXPOSITION DU FIAMH (FESTIVAL INTERNATIONAL DES ARTS ET DE LA MODE D'HYÈRES).

REWIND-FAST FORWARD
PARIS 1998.
THE MUSÉE DE LA MODE ET DU TEXTILE, SCENOGRAPHY FOR THE FIAMH EXHIBITION (INTERNATIONAL FESTIVAL OF ART AND FASHION AT HYÈRES).

REWIND - FAST FORWARD
PARIS 1998. MUSÉE DE LA MODE ET DU TEXTILE. SCÉNOGRAPHIE DE L'EXPOSITION DU FIAMH (FESTIVAL INTERNATIONAL DES ARTS ET DE LA MODE D'HYÈRES).

REWIND-FAST FORWARD
PARIS 1998. MUSÉE DE LA MODE ET DU TEXTILE. SCENOGRAPHY FOR THE FIAMH EXHIBITION (INTERNATIONAL FESTIVAL OF ART AND FASHION AT HYÈRES).

GARDE-ROBES
PARIS 2000. SCÉNOGRAPHIE AU MUSÉE DE LA MODE ET DU TEXTILE EN COLLABORATION AVEC ERIC BENQUÉ. CETTE EXPOSITION SUR 3000 M² PROPOSAIT AU VISITEUR D'ENTRER DANS L'INTIMITÉ DE PLUSIEURS PERSONNAGES HISTORIQUES ET CONTEMPORAINS EN PRÉSENTANT LES VÊTEMENTS QUI COMPOSAIENT LEUR GARDE-ROBE.

GARDE-ROBES
PARIS 2000. SCENOGRAPHY AT THE MUSÉE DE LA MODE ET DU TEXTILE (FASHION AND TEXTILE MUSEUM) IN COOPERATION WITH ERIC BENQUÉ. THIS EXHIBITION, WHICH SPANNED 3000 M2, INVITED THE VISITORS INTO THE PRIVATE WORLDS OF SEVERAL HISTORICAL AND CONTEMPORARY FIGURES BY DISPLAYING THEIR CLOTHES.

GARDE-ROBES
PARIS 2000.
SCÉNOGRAPHIE AU MUSÉE DE LA MODE ET DU TEXTILE EN COLLABORATION AVEC ERIC BENQUÉ. CETTE EXPOSITION SUR 3000 M^2 PROPOSAIT AU VISITEUR D'ENTRER DANS L'INTIMITÉ DE PLUSIEURS PERSONNAGES HISTORIQUES ET CONTEMPORAINS EN PRÉSENTANT LES VÊTEMENTS QUI COMPOSAIENT LEUR GARDE-ROBE.

GARDE-ROBES
PARIS 2000.
SCENOGRAPHY AT THE MUSÉE DE LA MODE ET DU TEXTILE (FASHION AND TEXTILE MUSEUM) IN COOPERATION WITH ERIC BENQUÉ. THIS EXHIBITION, WHICH SPANNED 3000 M2, INVITED THE VISITORS INTO THE PRIVATE WORLDS OF SEVERAL HISTORICAL AND CONTEMPORARY FIGURES BY DISPLAYING THEIR CLOTHES.

FABULATION
PARIS 1999. FONDATION CARTIER POUR L'ART CONTEMPORAIN. INSTALLATION LUMINEUSE COMPOSÉE DE 30 LAMPADAIRES ANIMÉS CRÉANT UNE ATMOSPHÈRE MYSTÉRIEUSE ET FANTOMATIQUE.

FABULATION
PARIS 1999.
CARTIER POUR L'ART CONTEMPORAIN. LIGHT INSTALLATION COMPRISING 30 ANIMATED LAMPS CREATING A MYSTERIOUS AND GHOSTLY ATMOSPHERE.

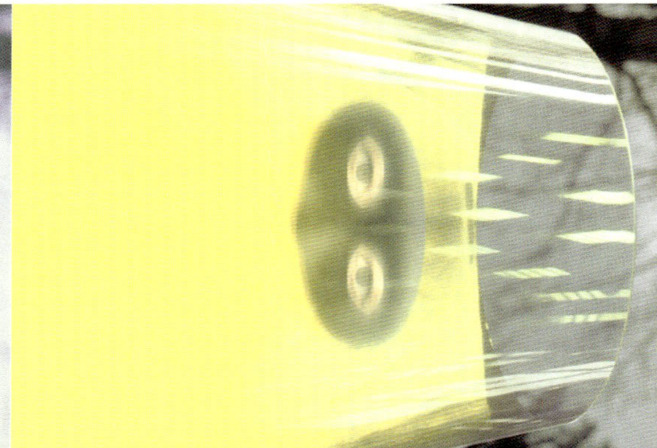

NOUVELLE VAGUE
1999. CARTIER INTERNATIONAL.
ÉLÉMENTS DE MISE EN SCÈNE CONÇUS POUR LES EXPOSITIONS PRÉSENTANT LA COLLECTION DE BIJOUX NOUVELLE VAGUE DANS 15 PAYS.

NOUVELLE VAGUE
1999. CARTIER INTERNATIONAL. ELEMENTS DESIGNED FOR EXHIBITIONS SHOWING THE NOUVELLE VAGUE JEWELRY COLLECTION IN 15 COUNTRIES.

LES SAPINS DE NOËL DES CRÉATEURS PARIS 2000. SCÉNOGRAPHIE DE L'EXPOSITION DE 80 SAPINS DE NOËL, AU CENTRE GEORGES POMPIDOU.

LES SAPINS DE NOËL DES CRÉATEURS PARIS 2000. SCENOGRAPHY FOR THE EXHIBITION OF 80 CHRISTMAS TREES AT THE GEORGES POMPIDOU CENTRE.

ILLUSTRATION POUR ZAC 99 / ZONE D'ACTIVATION COLLECTIVE. 1999. EXPOSITION AU MUSÉE D'ART MODERNE DE LA VILLE DE PARIS ILLUSTRATION : ZAB CHIPOT & JEAN-CHRISTOPHE MENU

ILLUSTRATION FOR ZAC 99 / COLLECTIVE ACTIVATION ZONE. 1999. EXHIBITION AT THE MUSÉE D'ART MODERNE DE LA VILLE DE PARIS. ILLUSTRATION: ZAB CHIPOT & JEAN CHRISTOPHE MENU

ZAC 99 / ZONE D'ACTIVATION COLLECTIVE 1999. EXPOSITION AU MUSÉE D'ART MODERNE DE LA VILLE DE PARIS. LE TABOURET RAY REND HOMMAGE À RAY EAMES DONT IL REPREND LE PROFIL EN REVOLUTION. LE GUÉRIDON TAVOLINO COMPORTE UNE EXCROISSANCE AU CENTRE DU PLATEAU, ÉPOUSANT LE CUL DE LA CARAFE QUI L'ACCOMPAGNE. SENTOU ÉDITION.

ZAC 99 / ZONE D'ACTIVATION COLLECTIVE 1999. MUSÉE D'ART MODERNE DE LA VILLE DE PARIS. THE "RAY" STOOL PAYS TRIBUTE TO RAY EAMES, WITH A REVOLVING PROFILE OF THE DESIGNER. THE "TAVOLINO" TABLE FEATURES A "GROWTH" IN THE CENTRE, WHICH TAKES THE SHAPE OF THE BOTTOM OF THE ACCOMPANYING CARAFE. SENTOU ÉDITION.

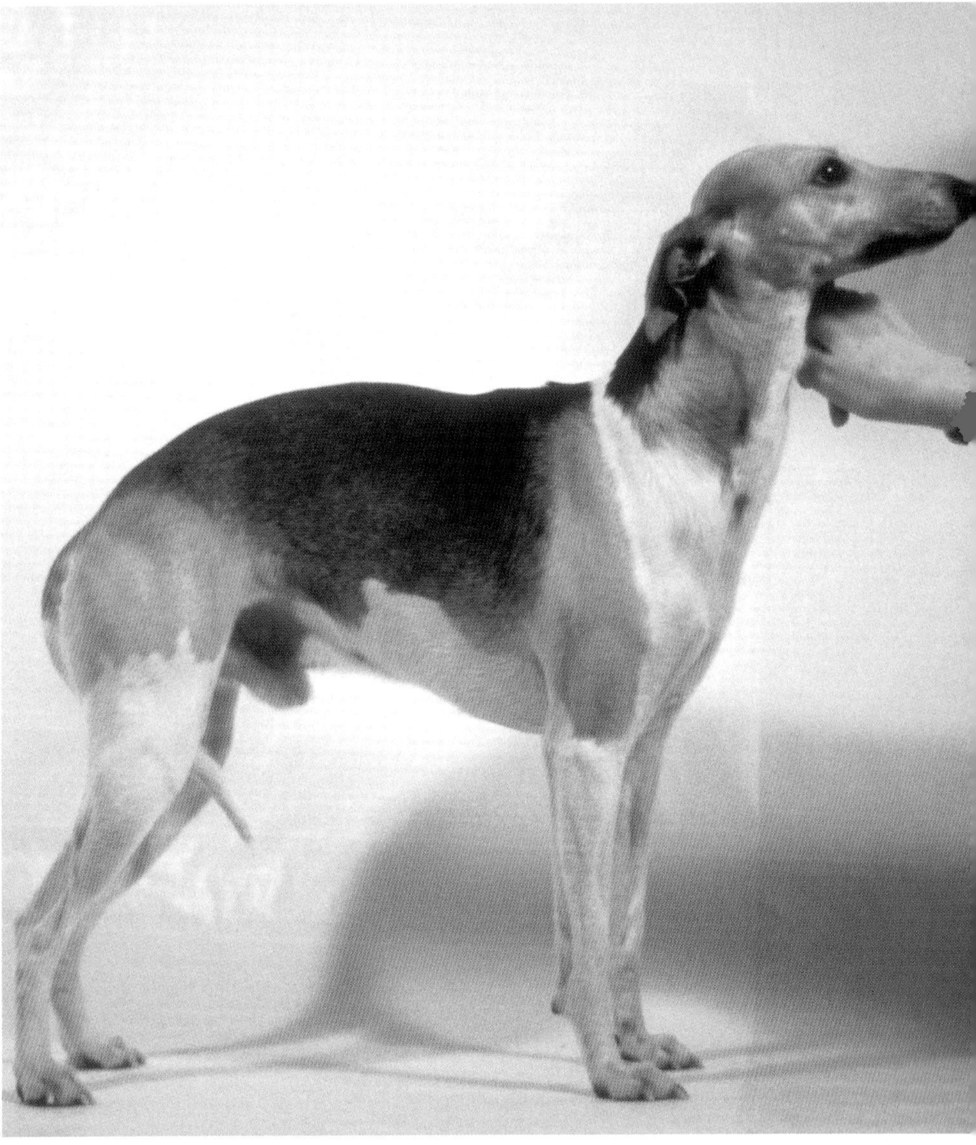

WHIPPET BENCH
PARIS 1998. LE BANC EST GÉNÉRÉ PAR L'EXTRUSION D'UN PROFIL DE WHIPPET.

WHIPPET BENCH
PARIS 1998. THE BENCH IS CREATED BY THE EXTRUSION OF THE PROFILE OF A WHIPPET.

RESIN WHIPPET BENCH
2000. ÉDITION KRÉO/RADI DESIGNERS PARIS. BANC EXTRUDÉ EN FORME DE WHIPPET PRÉSENTÉ LORS D'UNE EXPOSITION À CHICAGO.

RESIN WHIPPET BENCH
2000. ÉDITION KRÉO/RADI DESIGNERS PARIS. EXTRUDED BENCH IN THE SHAPE OF A WHIPPET PRESENTED AT AN EXHIBITION IN CHICAGO.

SPLIT
PARIS 2001. BETC.
LAURENT MASSALOUX & OLIVIER SIDET.
MATELAS GÉANT CONSTITUÉ DE MODULES AUX FORMES ET DIMENSIONS VARIABLES OFFRANT UNE GRANDE VARIÉTÉ D'ASSISES.

SPLIT
PARIS 2001. BETC.
LAURENT MASSALOUX & OLIVIER SIDET
A GIANT MATTRESS MADE OF VARYING SHAPES AND DIMENSIONS OFFERING NUMEROUS SITTING POSITIONS.

SLEEPING CAT
PARIS 1999.
CE TAPIS JONGLE AVEC LES CLICHÉS DU CONFORT BOURGEOIS. TOUTEFOIS, CES ARCHÉTYPES SONT REMIXÉS : DU VRAI FEU, ON NE GARDE QUE LE SPECTACLE DES FLAMMES, LA CHALEUR EST ISSUE DU TISSAGE DU TAPIS GRÂCE À UNE THIBAUDE CHAUFFANTE, ET LE CHAT EST UN MOTIF TISSÉ DANS LE TAPIS. ÉDITION KRÉO/ RADI DESIGNERS.

SLEEPING CAT
PARIS 1999. THIS RUG PLAYS WITH THE CLICHÉS OF BOURGEOIS COMFORT, BUT REMIXED THESE ARCHETYPES. ONLY THE SIGHT OF THE FLAMES IS KEPT FROM THE REAL FIRE. THE WARMTH COMES FROM THE WEAVING OF THE RUG THANKS TO A SELF-HEATING UNDERLAY FELT, AND THE CAT IS A PATTERN WOVEN INTO THE RUG. EDITION KREO / RADI DESIGNERS.

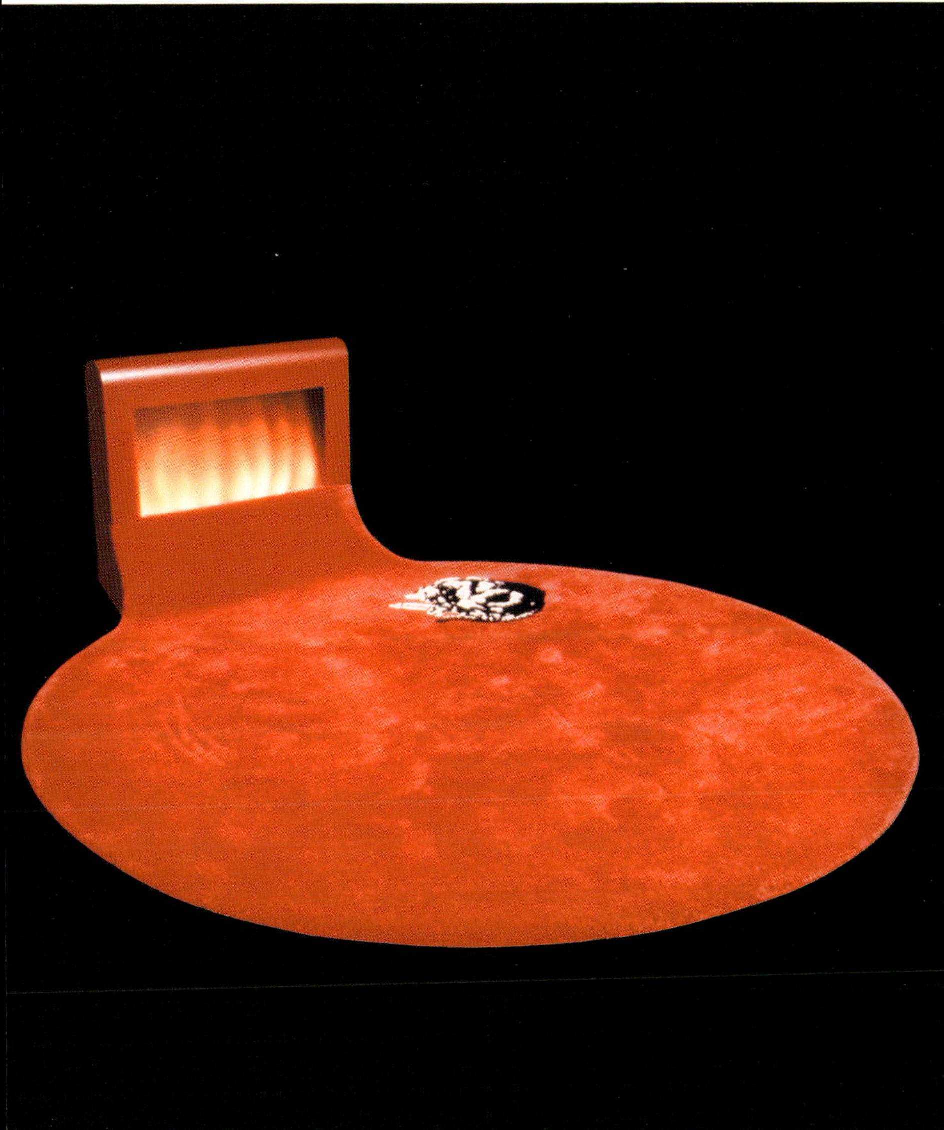

SCHWEPPES
PARIS 2000. AGENT KRÉO.
L'ANNEAU EN RELIEF PERMET UNE MEILLEURE PRÉHENSION DU VERRE ET SERT DE REPÈRE POUR LE DOSAGE DES COCKTAILS.

SCHWEPPES
PARIS 2000. AGENT KRÉO.
THE RAISED RING MAKES THE GLASS EASIER TO HOLD AND IS USED AS A MEASURING LINE FOR COCKTAILS.

HÄAGEN DAZS
PARIS 1999. CUILLER PERMETTANT
DE RACLER LA CRÈME GLACÉE.

HÄAGEN DAZS
PARIS 1999.
ICE CREAM SPOON TO SCRAPE ICE OFF.

COFFEE DROP SPLASH
PARIS 1994. BISCUIT CHOCOLATÉ CONÇU POUR S'ADAPTER AUX DIFFÉRENTES TASSES EXPRESSO.

COFFEE DROP SPLASH
PARIS 1994. A CHOCOLATE BISCUIT DESIGNED TO FIT DIFFERENT EXPRESSO CUPS.

PLATEAU-REPAS AIR FRANCE
PARIS 2000.
ENSEMBLE PLATEAU ET VAISSELLE POUR LA CLASSE TEMPO D'AIR FRANCE.

PLATEAU-REPAS AIR FRANCE
PARIS 2000.
TRAY MEAL AND CROCKERY FOR AIR FRANCE'S TEMPO CLASS.

UNE PETITE MAISON INTÉRESSANTE
À HABITER
HYÈRES 2002.
CETTE CABANE EN BOIS EST DESTINÉE À RECEVOIR UN À DEUX ARTISTES À LA FOIS, POUR DES DURÉES DE SÉJOUR VARIABLES.

A SMALL INTERESTING HOUSE TO LIVE IN
HYÈRES 2002.
ONE OR TWO ARTISTS AT A TIME ARE INVITED TO STAY AND WORK IN THIS WOOD CABIN FOR VARYING LENGTHS OF TIME.

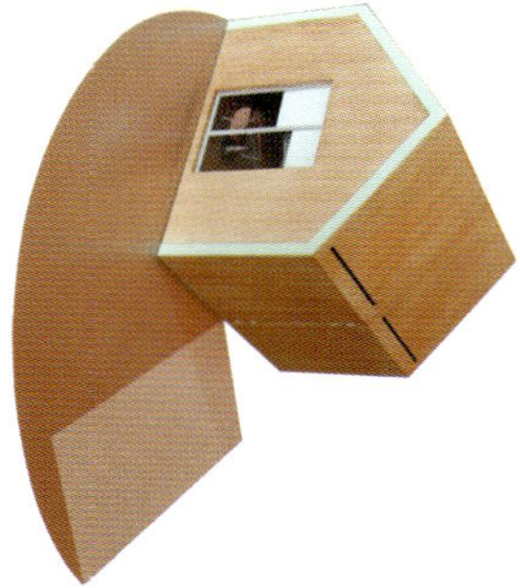

LE JARDIN MIROBOLANT
PARIS 1994. EXPOSITION AU PAAS. LE PREMIER PROJET DE RADI DESIGNERS. UN PARFAIT JARDIN À VERSAILLES ENVAHI PAR DES LEGUMES GÉANTS TRANSFORMÉS EN MOBILIER DE JARDIN GONFLABLE.

LE JARDIN MIROBOLANT
PARIS 1994. EXHIBITION AT PAAS.
THE RADI DESIGNERS' FIRST PROJECT: A PERFECT GARDEN IN VERSAILLES, INVADED BY GIANT VEGETABLES TURNED INTO INFLATABLE GARDEN FURNITURE.

TABOURET, DESSOUS DE PLAT, PATÈRES
VALLAURIS 2001. LAURENT MASSALOUX À LA POTERIE D'AMELIE. CES 3 PROJETS S'ARTICULENT AUTOURS DE L'IMAGE DE COLOMBINS DE TERRE ENROULÉS SUR EUX-MÊMES. LES DIFFÉRENTES PARTIES DE CONTACT SONT RECOUVERTES DE SILICONE COLORÉ.

STOOL, TABLE MAT, COATPEG
VALLAURIS 2001. LAURENT MASSALOUX AT THE AMELIE POTTERY. THESE THREE PROJECTS ARE MADE FROM ROLLED COILS OF CLAY. CONTACT PARTS ARE THEN COATED WITH COLOURED SILICONE.

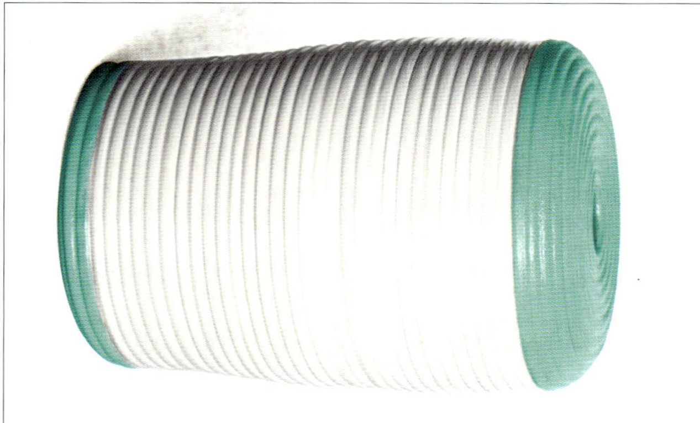

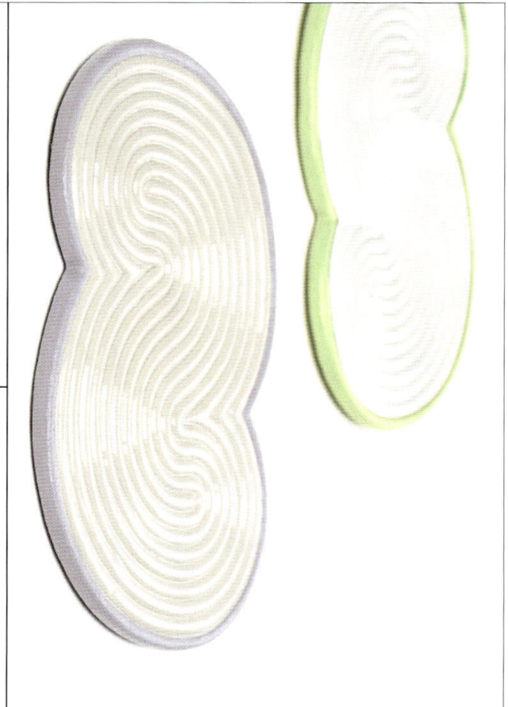

RÉSERVES
VALLAURIS 2001. OLIVIER SIDET À LA POTERIE D'AMÉLIE. RÉSERVE SIMPLE, RÉSERVE À PLANTER À ÉCOULEMENT PAR CAPILLARITÉ, COMPLÉMENTS DE POTS CLASSIQUES

RÉSERVES
VALLAURIS 2001. OLIVIER SIDET AT THE AMELIE POTTERY. A SIMPLE OVERFLOW RECIPIENT IN WHICH WATER IS DRAINED THROUGH CAPILLARY ACTION, A COMPLEMENT FOR TRADITIONAL PLANT POTS.

POIGNÉES DE PORTE
VALLAURIS 2001. FLORENCE DOLÉAC À LA POTERIE D'AMÉLIE. CES POIGNÉES EN FORMES DE NŒUDS JOUENT DE L'ÉLASTICITÉ DES COLOMBINS DE TERRE CRUE.

DOOR HANDLE
VALLAURIS 2001. FLORENCE DOLÉAC AT THE AMELIE POTTERY. HANDLES IN THE SHAPE OF KNOTS MADE POSSIBLE BY THE ELASTICITIY OF THE COILS OF CLAY.

LE ROBOT, LE PETIT, LA SALADIÈRE
VALLAURIS 2001.
FLORENCE DOLÉAC À LA POTERIE D'AMÉLIE. FAMILLE DE PORTE-FRUITS ET LÉGUMES EN CÉRAMIQUE.

THE ROBOT, THE LITTLE ONE, THE SALAD BOWL
VALLAURIS 2001. FLORENCE DOLÉAC AT THE AMELIE POTTERY IN RANGE OF CERAMIC FRUIT AND VEGETABLE HOLDERS.

PLATEAU À FRUITS, TIRELIRE, CENDRIER VALLAURIS 2001. ROBERT STADLER À LA POTERIE D'AMÉLIE.
DE L'ASSOCIATION D'ASSIETTES APPARTENANT À LA PRODUCTION STANDARD NAISSENT DES OBJETS NOUVEAUX.

FRUIT-BOARD, MONEY BOX, ASH TRAY VALLAURIS 2001. ROBERT STADLER AT THE AMELIE POTTERY.
ORDINARY PLATES ARE BROUGHT TOGETHER TO CREATE NEW OBJECTS.

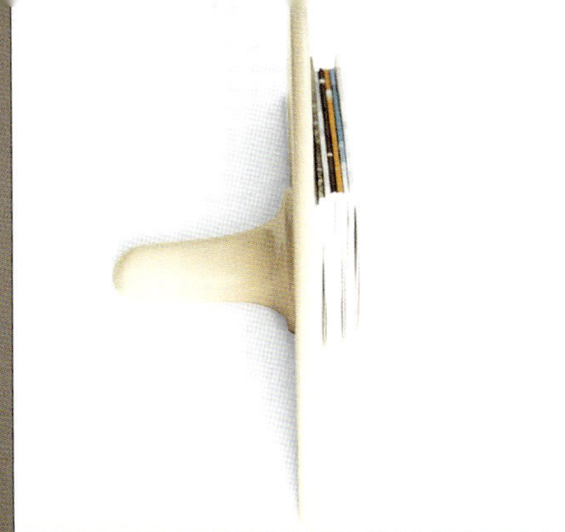

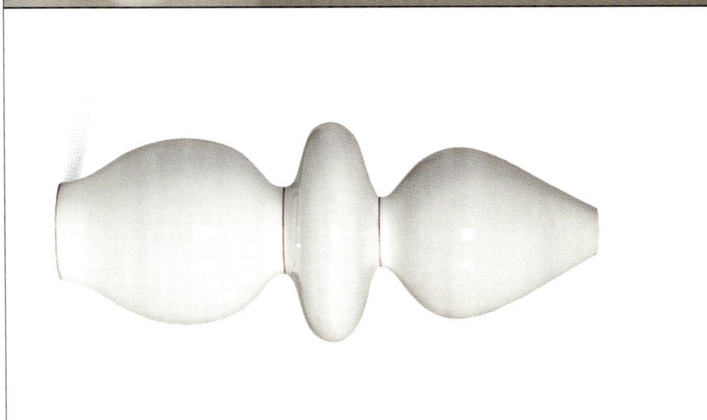

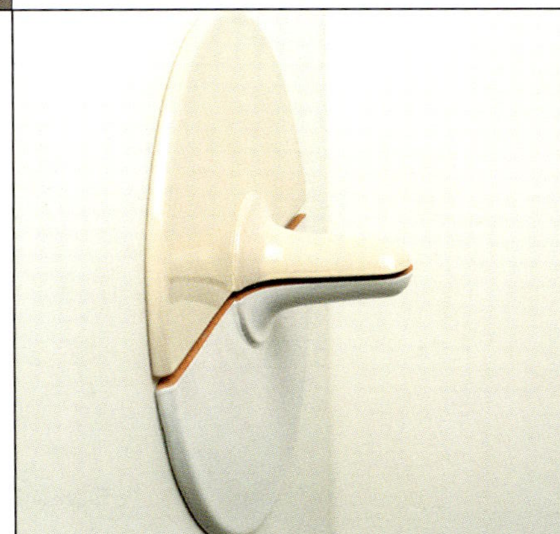

ÉTAGÈRE MURALE, VASE "FANTÔME" VALLAURIS 2001. OLIVIER SIDET À LA POTERIE D'AMÉLIE. ETAGÈRE MURALE DÉCOUPÉE DANS LA TERRE ENCORE CRUE D'UNE PIÈCE. TROIS VASES EMPILABLES DE FORMES "CONVENUES" PAR LE TOURNAGE.

WALL SHELVES, VASE "FANTÔME" VALLAURIS 2001. OLIVIER SIDET AT THE AMELIE POTTERY. WALLS SHELVES CUT OUT OF A SINGLE PIECE OF UNGLAZED CLAY THREE "STACKABLE" VASES IN SHAPES "DECIDED" BY THE POTTER'S WHEEL.

PLATEAU À FROMAGE (Ø39CM), TABLE BASSE (Ø64CM)
VALLAURIS 2001.
ROBERT STADLER À LA POTERIE D'AMÉLIE. RECHERCHE SUR UNE RENCONTRE POSSIBLE ENTRE LA TECHNOLOGIE AVANCÉE ET L'OBJET FAIT MAIN.

CHEESE-BOARD (Ø39CM), COFFEE TABLE (Ø64CM)
VALLAURIS 2001.
ROBERT STADLER AT THE AMELIE POTTERY. RESEARCH INTO COMBINING ADVANCED TECHNOLOGY AND A HAND-MADE OBJECT.

P.O.C. (PEOPLE ORIENTED CAR)
EXPOSITION DRIVE IN/SALON DU MEUBLE DE COLOGNE 2001 ; P.O.C. ÉQUIPE LA VOITURE D'UN AIRBAG QUI PROTÈGE LE PIÉTON EN CAS DE CHOC AVEC LE VÉHICULE.

P.O.C. (PEOPLE ORIENTED CAR). EXHIBITION DRIVE-IN/COLOGNE FURNITURE SHOW; P.O.C. EQUIPS THE CAR WITH AN AIRBAG, WHICH PROTECTS PEDESTRIANS IF THEY ARE HIT BY THE CAR.

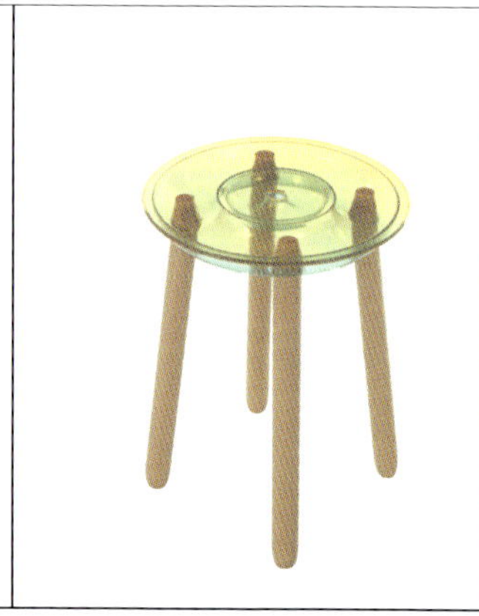
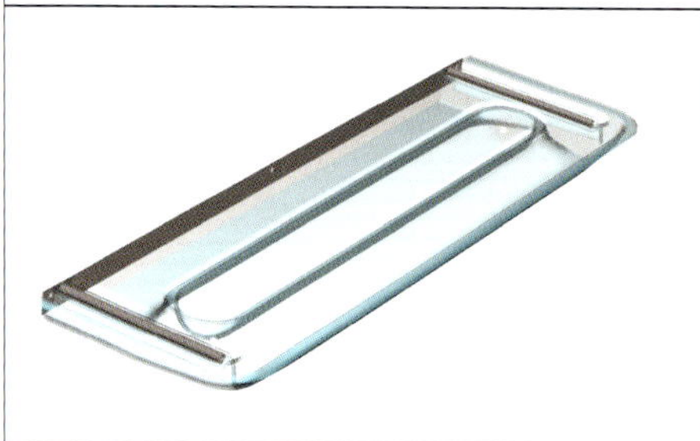

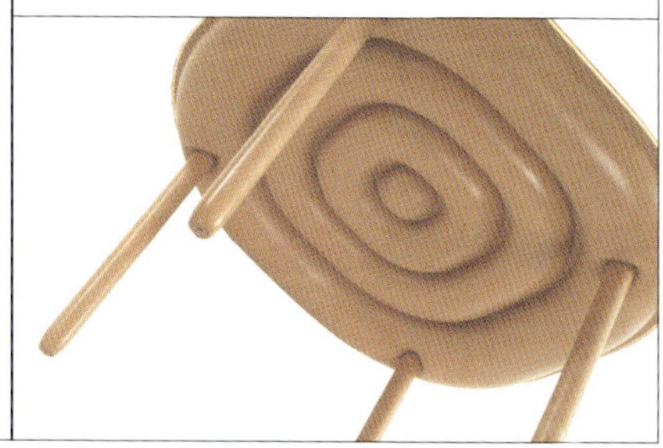

TWIN SHEET
PARIS 2000. CARTE BLANCHE DU VIA.
GAMME DE MOBILIER RÉALISÉ EN TWIN SHEET FORMING.

TWIN SHEET
PARIS 2000. CARTE BLANCHE DU VIA.
DESIGNERS WERE GIVEN A FREE HAND TO DESIGN THIS RANGE OF FURNITURE IN TWIN SHEET FORMING.

SIGMUND, DAYBED
2001.
FLORENCE DOLÉAC & ROBERT STADLER.
ÉDITION HIDDEN-PAYS-BAS.

SIGMUND, DAYBED
2001.
FLORENCE DOLÉAC & ROBERT STADLER.
ÉDITION HIDDEN-NETHERLANDS.

LE FEU D'ISSEY LIGHT • GEL POUR LA DOUCHE • ISSEY MIYAKE •

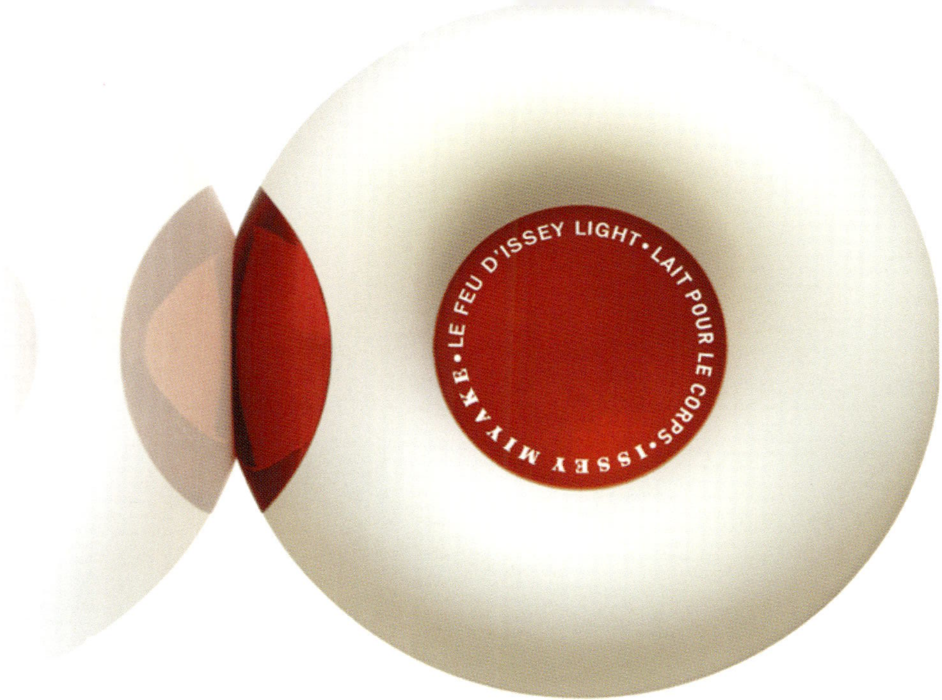

LE FEU D'ISSEY LIGHT
PARIS 2001. AGENT KRÉO
FLACONS DE LAIT POUR LE CORPS ET DE GEL DOUCHE POUR ISSEY MIYAKE.

LE FEU D'ISSEY LIGHT
PARIS 2001. AGENT KRÉO.
BOTTLES OF BODY LOTION AND SHOWER GEL FOR ISSEY MIYAKE.

ABAT-JOUR POUR BOUGIE
LIMOGES 1997. RÉALISÉ AU CRAFT (CENTRE DE RECHERCHE SUR LES ARTS DU FEU ET DE LA TERRE). L'ABAT JOUR, POSÉ SUR LE HAUT DE LA BOUGIE, DESCEND AU FUR ET À MESURE QUE LA BOUGIE SE CONSUME ET FINIT SA LENTE COURSE DIRECTEMENT POSÉ SUR LA BASE.

LAMPSHADE FOR CANDLE
LIMOGES 1997. PRODUCED AT CRAFT, THE CENTRE FOR RESEARCH INTO THE ARTS OF FIRE AND EARTH, L'ABAT JOUR, [THE LAMPSHADE] PLACED ON TOP OF THE CANDLE, MOVES DOWNWARDS AS THE CANDLE BURNS OUT AND FINALLY COMES TO REST ON THE BASE.

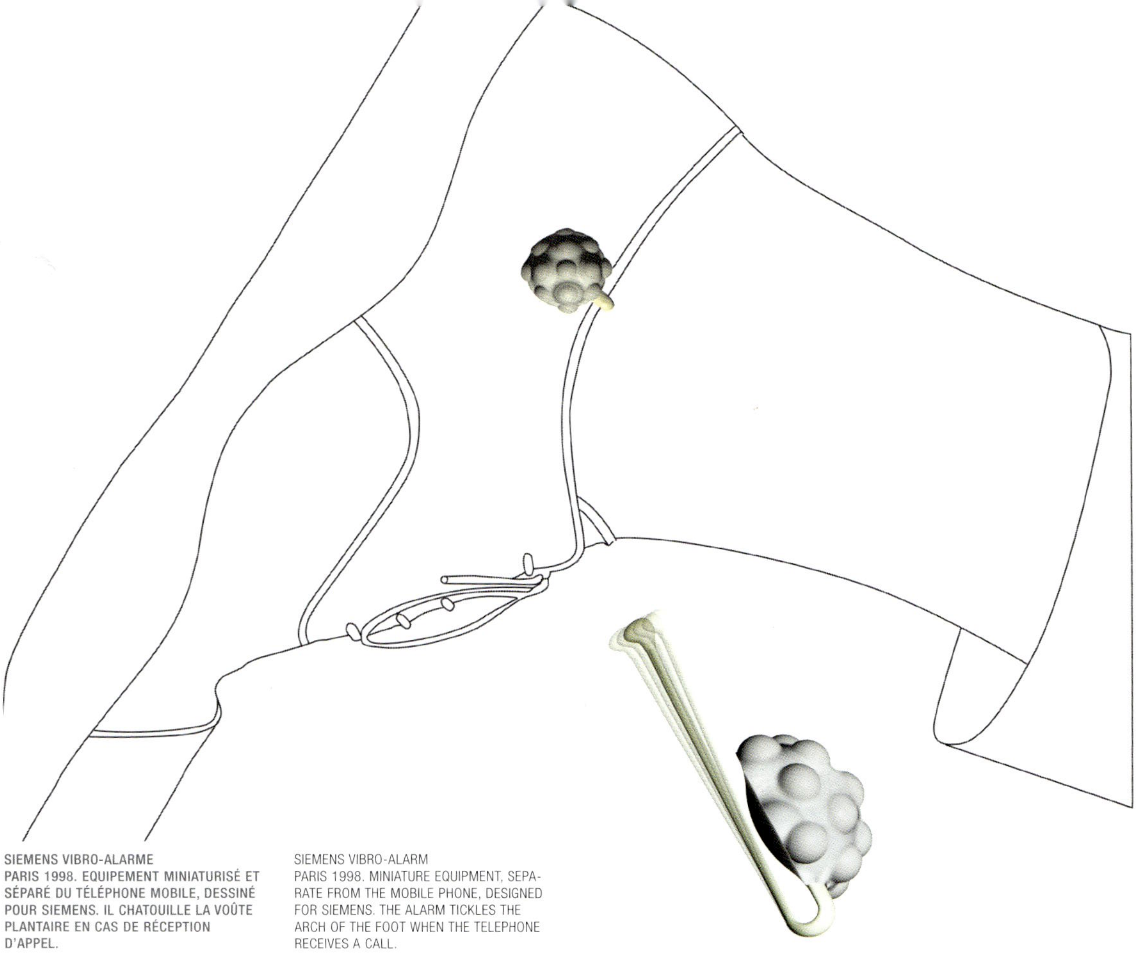

SIEMENS VIBRO-ALARME
PARIS 1998. EQUIPEMENT MINIATURISÉ ET SÉPARÉ DU TÉLÉPHONE MOBILE, DESSINÉ POUR SIEMENS. IL CHATOUILLE LA VOÛTE PLANTAIRE EN CAS DE RÉCEPTION D'APPEL.

SIEMENS VIBRO-ALARM
PARIS 1998. MINIATURE EQUIPMENT, SEPARATE FROM THE MOBILE PHONE, DESIGNED FOR SIEMENS. THE ALARM TICKLES THE ARCH OF THE FOOT WHEN THE TELEPHONE RECEIVES A CALL.

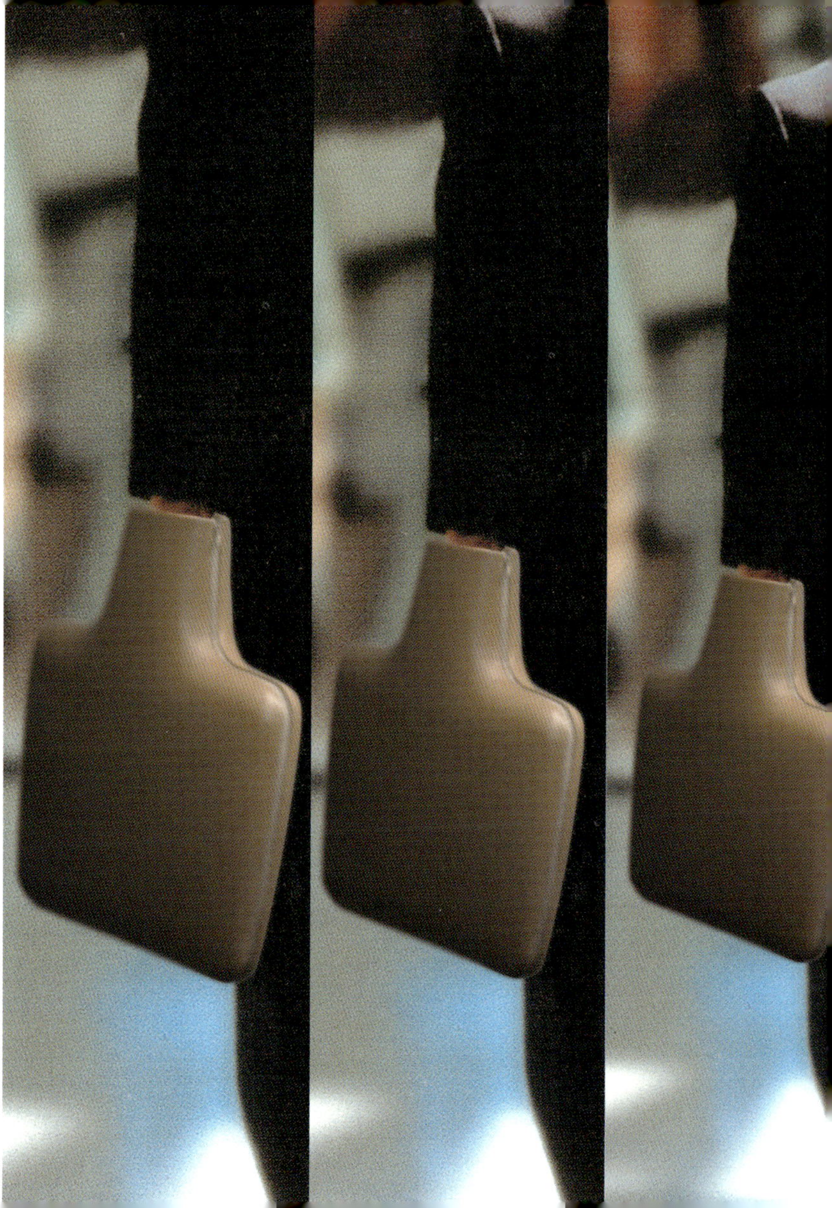

BUSINESS CLASS
PARIS 1998.
CET ATTACHÉ-CASE APPARAÎT COMME LE PROLONGEMENT NATUREL DU BRAS DE L'HOMME D'AFFAIRES.

BUSINESS CLASS
PARIS 1998.
THIS BRIEFCASE IS DESIGNED TO BECOME THE NATURAL EXTENSION OF THE BUSINESS-MAN'S ARM.

Fontaine de l'An

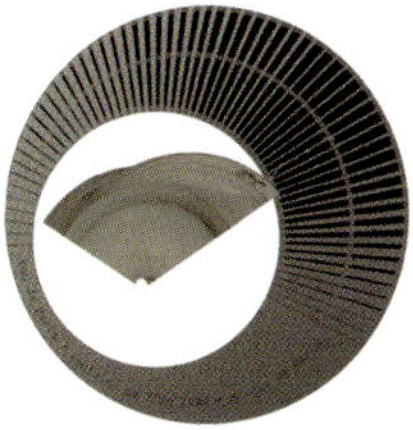

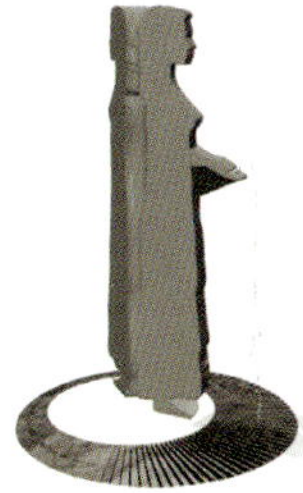

FONTAINE DE L'AN 2000
MAIRIE DE PARIS, PARIS 2000. LE VOLUME DE LA FONTAINE EST ENGENDRÉ PAR UNE EXTRUSION GIRATOIRE RELIANT DEUX SILHOUETTES DE FEMME.

FONTAINE DE L'AN 2000
MAIRIE DE PARIS, PARIS 2000. THE VOLUME OF THE FOUNTAIN IS CREATED BY A GYRATING EXTRUSION LINKING TWO FEMININE SILHOUETTES.

GAMME DE DOSEURS RICARD
MARSEILLE 1998. AGENT KRÉO.
SÉRIE DE DOSEURS DE BAR.

GAMME DE DOSEURS RICARD
MARSEILLE 1998. AGENT KRÉO.
SERIES OF DRINKS MEASURES.

RICARD
PASTIS DE MARSEILLE
FRANCE
RICARD
CALVADOS
Marc
DELATOUR

JEUX POUR CHAT À MONTER SOI-MÊME, EN CARTON PLIÉ PRÉ-COLLÉ. PARIS 1998.

GAMES FOR CATS, TO BE ASSEMBLED BY THE USER, IN PRE-GLUED, FOLDED CARDBOARD. PARIS 1998.

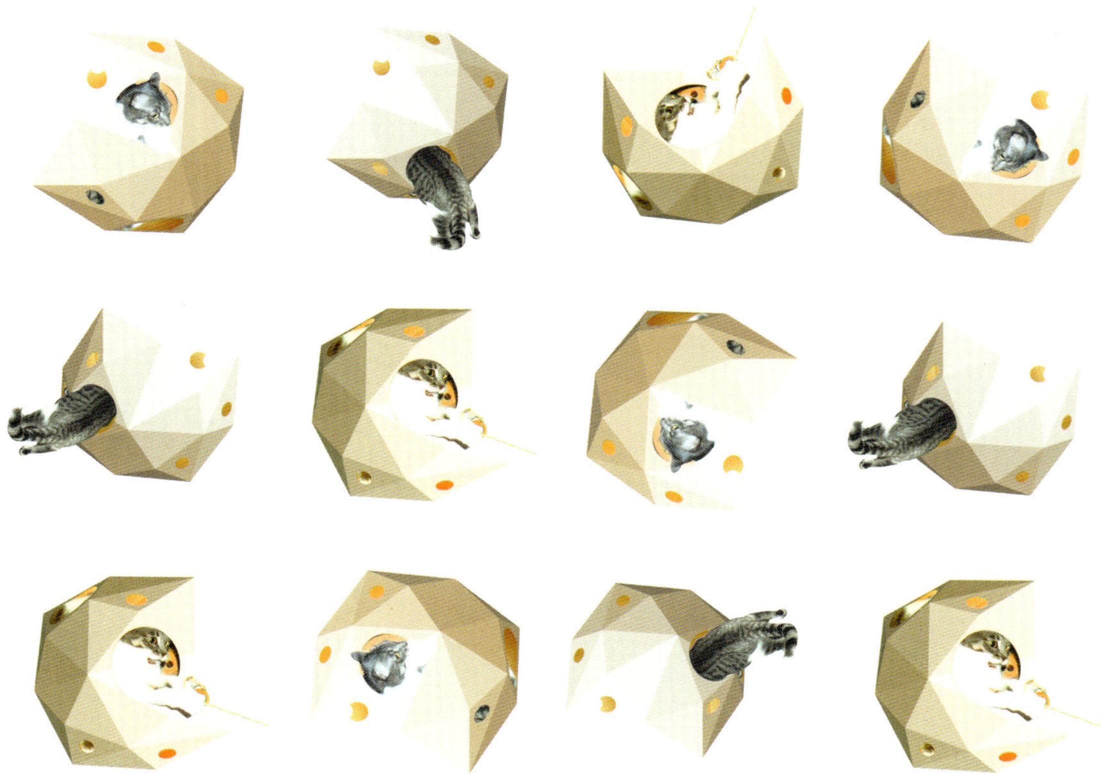

MIROIR VIBRANT
PARIS 1998.
PLUS LE SPECTATEUR S'ÉLOIGNE PLUS
L'IMAGE RENVOYÉE EST FLOUE.

VIBRATING MIRROR
PARIS 1998
THE FURTHER AWAY THE VIEWER MOVES THE
MORE THE IMAGE BLURS

SWITCH
OSAKA 1995. COLLECTION DU CENTRE GEORGES-POMPIDOU.
INTERRUPTEUR ÉLÉCTRIQUE SUR FIL, MONOBLOC, ÉTANCHE, QUE L'ON COUDE POUR COUPER LE COURANT.

SWITCH
OSAKA 1995. GEORGES-POMPIDOU CENTRE COLLECTION.
WATER-AND AIRTIGHT MONOBLOC LIGHT SWITCH ON WIRE, TURNED OFF BY BENDING.

LIGNE D'ACCESSOIRES DE HOME OFFICE PARIS 2000. LA SÉRIE CONSTITUE UNE FAMILLE AUX FORMES "ROND-CARRÉ". CHAQUE OBJET NAÎT DE LA RENCONTRE ENTRE DEUX LANGAGES : LE LANGAGE HABITUEL DU PLIAGE, PROPRE AUX OBJETS DU RANGEMENT AUX FORMES ANGULEUSES, ET LE LANGAGE PROPRE À LA MATIÈRE MÊME, CELLE D'UNE FEUILLE QUI RESTE SOUPLE. AGENT KRÉO.

HOME OFFICE ACCESSORIES
PARIS 2000. THE SERIES FORMS A FAMILY OF OBJECTS IN ROUND AND SQUARE SHAPES. EACH OBJECT IS BORN FROM THE MEETING OF TWO LANGUAGES: FOLDING, WHICH IS PARTICULAR TO OBJECTS USED FOR STORAGE, WHICH ARE USUALLY ANGULAR, AND THE LANGUAGE PARTICULAR TO THE MATTER ITSELF, THAT OF A SHEET WHICH REMAINS SUPPLE WITHOUT ANY FOLDING. AGENT KRÉO.

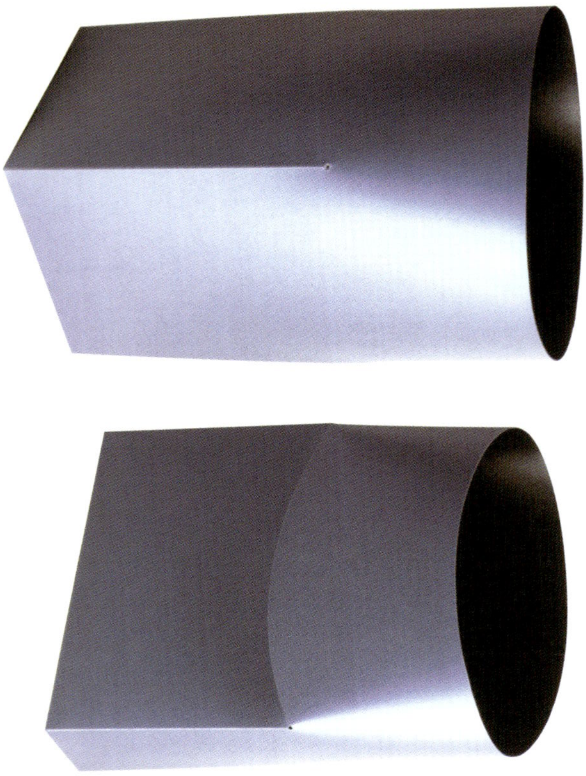

SUCETTE
PARIS 1998. CETTE HOUSSE DE CHAISE VIENT PARASITER TOUTES SORTES DE CHAISES AFIN DE LES UNIFORMISER ET DE LES TRANSFORMER EN TRÔNE.

SUCETTE
PARIS 1998. THIS CHAIR COVER CAN BE USED ON ALL SORTS OF CHAIRS TO STANDARDIZE THEM AND TRANSFORM THEM INTO A THRONE.

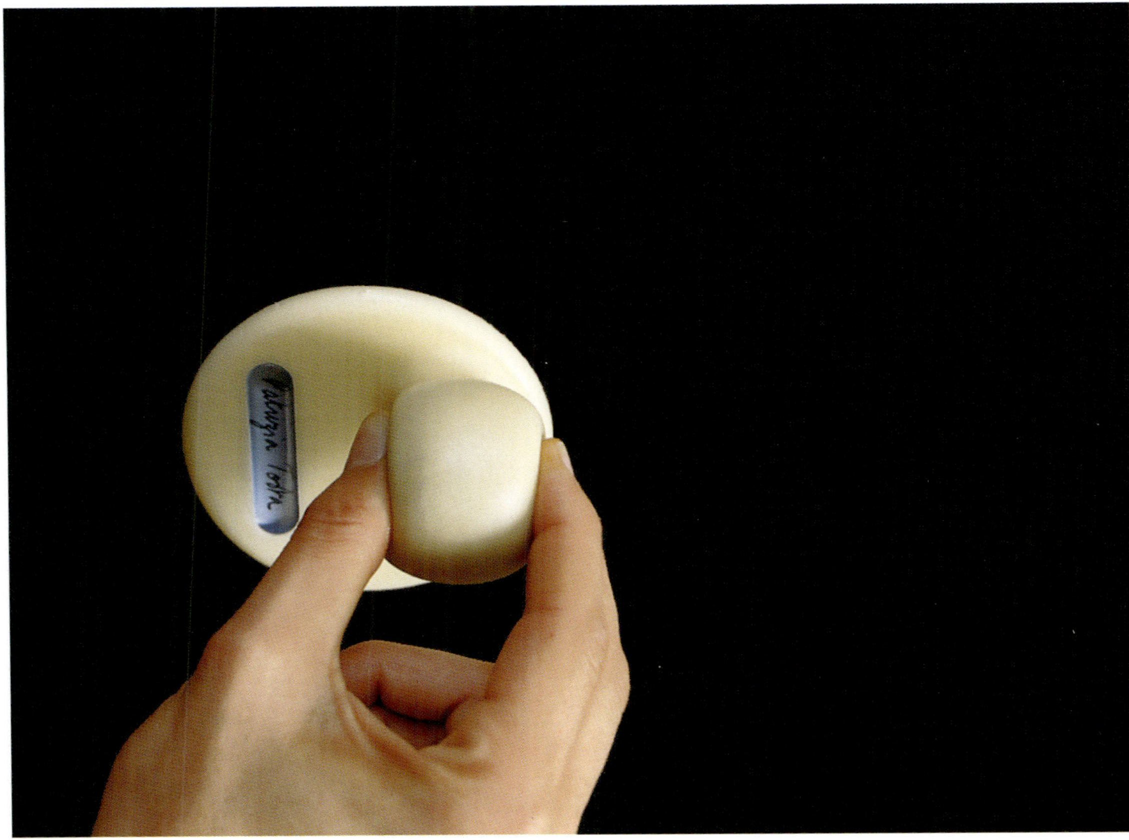

PATRIZIA
PARIS 1998.
SONNETTE PNEUMATIQUE AVEC KLAXON À VENT INTÉGRÉ.

PATRIZIA
PARIS 1998.
RUBBER BELL WITH INTEGRATED WIND HORN.

POCHE À EAU
MARSEILLE 1998. RÉALISÉ AU CIRVA (CENTRE INTERNATIONAL DE RECHERCHE SUR LE VERRE ET LES ARTS PLASTIQUES). UN SIMPLE PINCEMENT EN HAUT DE CETTE CARAFE SOUFFLÉE À LA BOUCHE, DÉSIGNE À LA FOIS LA POIGNÉE ET LE GOULOT.

WATER-BAG
PRODUCED AT CIRVA (THE INTERNATIONAL CENTRE FOR RESEARCH IN GLASS AND THE VISUAL ARTS). A SIMPLE PINCH IN THE TOP OF THIS BLOW-GLASS CARAFE, MAKES IT BOTH HANDLE AND BOTTLENECK.

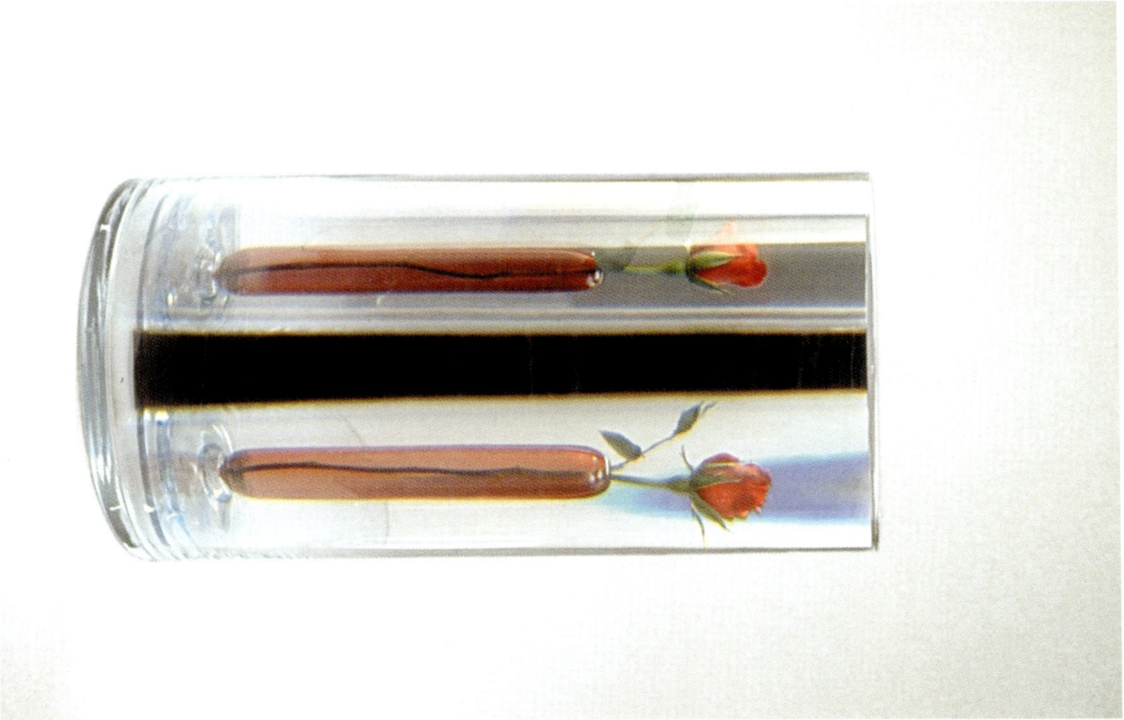

VASE-VASE, SOLIFLORE
PARIS 1998.
RÉALISÉ AU CIRVA (CENTRE INTERNATIONAL DE RECHERCHE SUR LE VERRE ET LES ARTS PLASTIQUES, MARSEILLE).
UN FILM OPTIQUE DUPLIQUE L'IMAGE D'UN SOLIFLORE PLACÉ AU CENTRE D'UN CYLINDRE.

VASE-VASE, BUD VASE
PARIS 1998.
MADE AT THE CIRVA (INTERNATIONAL CENTRE FOR GLASS AND VISUAL ARTS RESEARCH, MARSEILLE).
AN OPTICAL FILM COPIES THE IMAGE OF A BUD VASE PLACED IN THE CENTRE OF A CYLINDER.

DALLE DE MOQUETTE POUR TARKETT SOMMER
PARIS 1999. CETTE DALLE REPREND À UNE ÉCHELLE MACROSCOPIQUE LE DESSIN D'UN LICHEN.

FITTED CARPET SLAB FOR TARKETT SOMMER
PARIS 1999.
THIS FITTED CARPET SLAB FEATURES THE LICHEN DESIGN ON A MACROSCOPIC SCALE.

REBECCA
PARIS 2001. CE TAPIS ÉVOQUE LA PRÉSENCE MYSTÉRIEUSE ET SENSUELLE DE REBECCA À TRAVERS LES EFFETS PERSONNELS QU'ELLE A LAISSÉ TOMBER ET QUI CRÉENT LE MOTIF. ÉDITION KRÉO/RADI DESIGNERS.

REBECCA
PARIS 2001.
THIS RUG EVOKES REBECCA'S MYSTERIOUS, SENSUAL PRESENCE THROUGH THE PERSONAL EFFECTS SHE HAS DROPPED AND THAT HAVE BEEN USED TO CREATE THE DESIGN. ÉDITION KRÉO/RADI DESIGNERS.

FUSCIDEA KOCHIANA
PARIS 2000. MANUFACTURE DES GOBELINS. LE TAPIS REPRÉSENTE UNE VARIÉTÉ DE LICHEN AGRANDI ET RETRAVAILLÉ NUMÉRIQUEMENT. DIM. : 4 x 3 M.

FUSCIDEA KOCHIANA
PARIS 2000. MANUFACTURE DES GOBELINS. THE CARPET DEPICTS A VARIETY OF LICHEN ENLARGED AND REWORKED DIGITALLY. DIM. : 4 x 3 M.

AFFICHE DE L'EXPOSITION RADI DESIGNERS À LA GALERIE EMMANUEL PERROTIN
PARIS 1998. GRAPHISME : RADI DESIGNERS.

POSTER FOR THE EXHIBITION AT LA GALERIE EMMANUEL PERROTIN
PARIS 1998.
GRAPHICS: RADI DESIGNERS.

THE INORGANIC EXHIBITION POSTER AT THE NEW YORK 2001. SANDRA GERING GALLERY, GRAPHICS: GILLES & VINCENT TURIN AND FRANCISCO TORRES.

AFFICHE DE L'EXPOSITION INORGANIC À LA NEW YORK 2001. GALERIE SANDRA GERING. GRAPHISME : GILLES & VINCENT TURIN ET FRANCISCO TORRES.

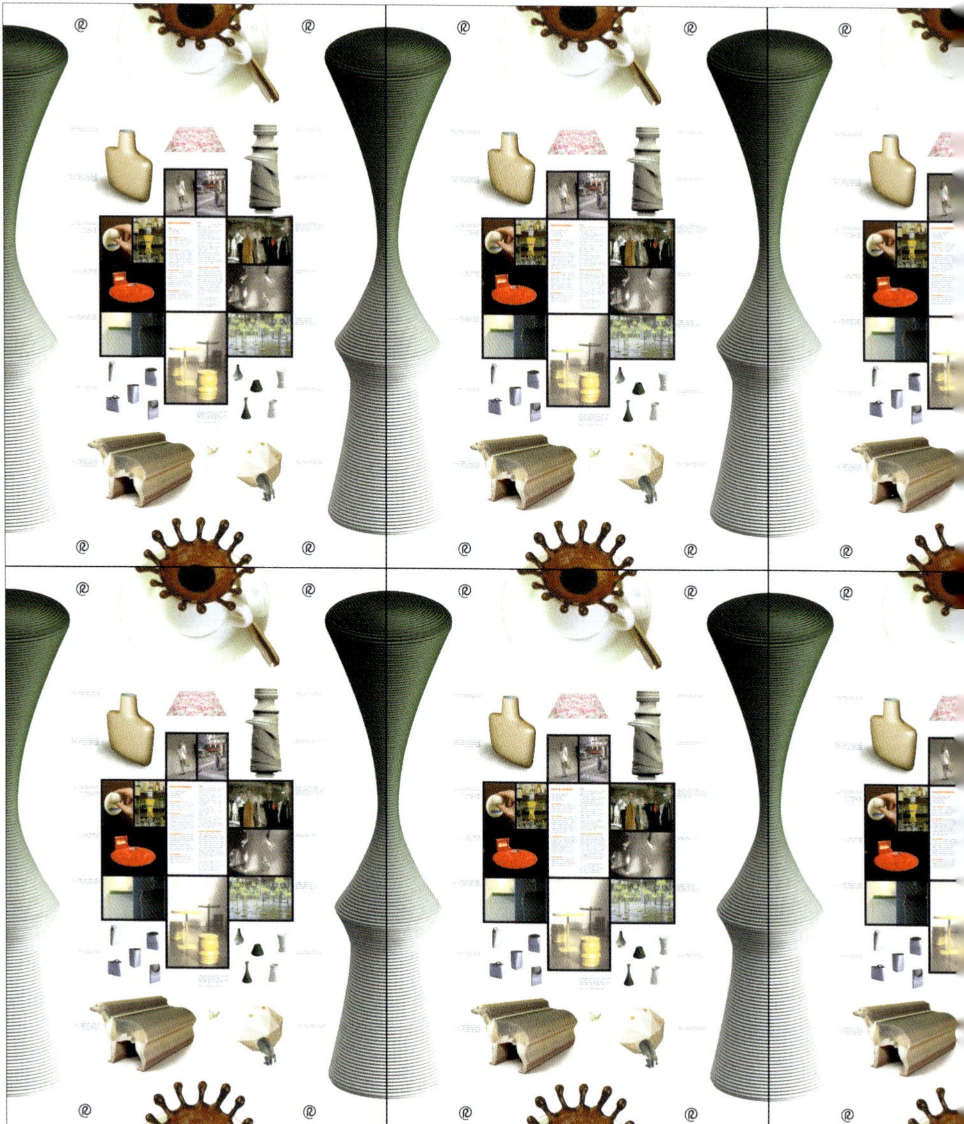

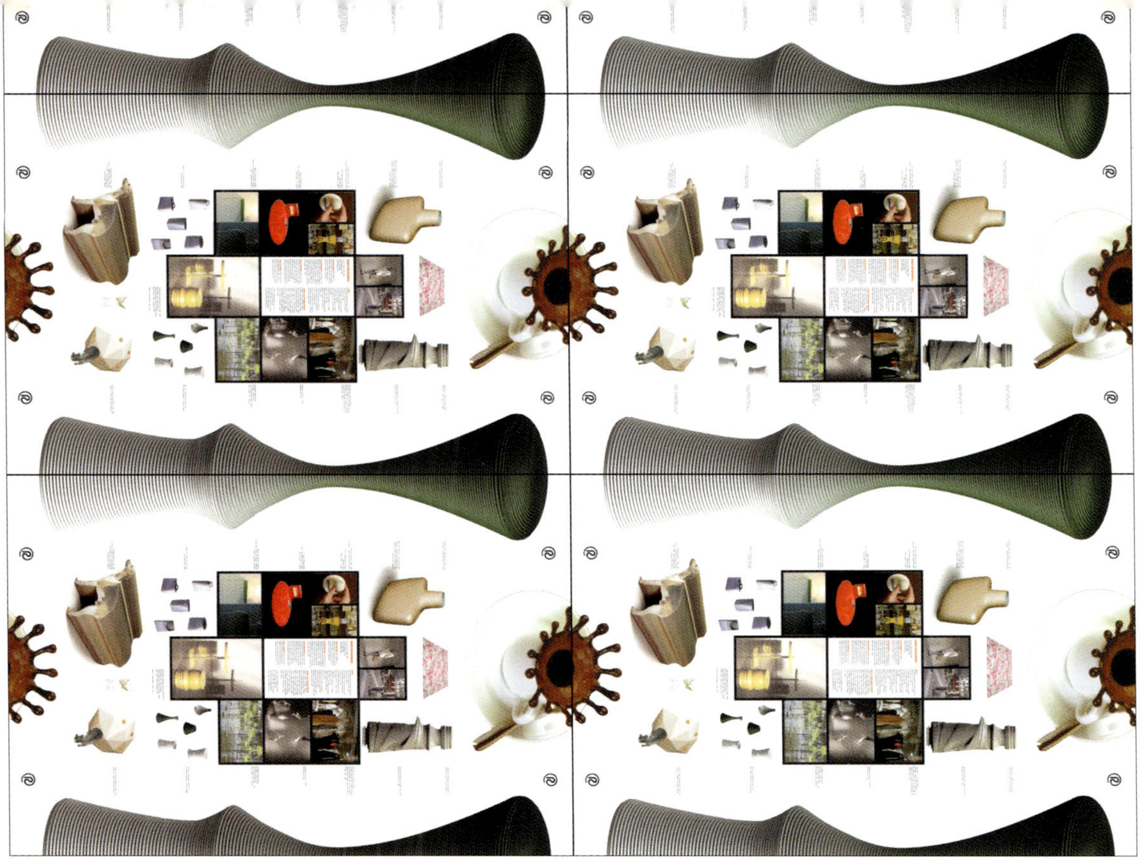

AFFICHE SERVANT DE PAPIER PEINT RÉALISÉE POUR L'EXPOSITION DESIGN DESIGN À LA VILLA NOAILLES.
HYÉRES 2000.
GRAPHISME : DAREN ELLIS.

POSTER TO BE USED AS WALLPAPER FOR THE DESIGN DESIGN EXHIBITION AT THE VILLA NOAILLES.
HYÉRES 2000.
GRAPHICS: DAREN ELLIS.

expositions personnelles / solo exhibitions

2001 IN ORGANIC, Sandra Gering gallery, New York

2000 RADI-ROOM, IFA (Institut Français d'Architecture), Paris

FABULATION, Fondation Cartier pour l'art contemporain, Park Hyatt, Tokyo et INSA Art Center, Séoul

1999 FABULATION, Fondation Cartier pour l'art contemporain, Paris

1998 GALERIE EMMANUEL PERROTIN, (Aide à la première exposition, DAP), Paris

prix / awards

2001 CARTE BLANCHE, décernée par le VIA, Paris

2000 PRIX DU CREATEUR DE L'ANNEE, pour l'édition 2000 du salon du meuble de Paris

1999 ARCHITEKTUR & WOHNEN, nomination de RADI DESIGNERS comme "Nouvelle Génération des Designers" par Philippe Starck, Hambourg

collections

2002 FNAC (Fond National d'Art Contemporain), collection d'objets réalisée à Vallauris, Puteaux

2001 FNAC (Fond National d'Art Contemporain), "Ray" et "Tavolino", Paris

VIA, (Valorisation dans l'Industrie d'Ameublement), "Sleeping Cat", Paris

1999 FONDATION CARTIER POUR L'ART CONTEMPORAIN, l'installation "Fabulation", Paris

monographies / monographs

2001 DESIGNERS A VALLAURIS, Grégoire Gardette Editions, Nice

CARTE BLANCHE RADI DESIGNERS, Claire Fayolle, VIA, Paris

1999 RADI DESIGNERS "REALITE FABRIQUEE", Fondation Cartier pour l'art contemporain, Edition Actes Sud, Arles

expositions collectives (sél.) / **collective exhibitions**

2002 UNE PETITE MAISON INTERESSANTE A HABITER, Villa Noailles, Hyères

2001 4e EXPOSITION DE SCULPTURE CONTEMPORAINE DE SHENZHEN, Chine

DESIGNERS A VALLAURIS, Musée de Vallauris et Galerie Grégoire Gardette, Nice

GLOBAL TOOLS-SPIN OFF, Galerie KlausEngelhorn22, Vienne

DRIVE IN, Salon du meuble de Cologne

2000 APERTO VETRO 2000, Museo Correr, Venise

BLOW UP, Vitra design museum, Berlin / Weil am Rhein

HAPPENING, Tsumori Chisato, Tokyo

DESIGN, DESIGN, Villa Noailles, Hyères

AIR EN FORME, Musée des arts décoratifs de Lausanne, Lausanne

DIVERS, DIVERS GENS, Galeries Poirel, Nancy

L'ECOLE FRANCAISE, Les créateurs de meubles du XXe siècle, Salon du meuble, Paris

1999 HAPPENING, Issey Miyake pleats shop, Designers' week, Tokyo

FRENCH DESIGN & NEW MATERIALS, VIA / Yamagiwa Art Foundation, Designers' week, Tokyo

GALERIE KREO, Paris

ZAC 99, Zones d'Activation Collective, Musée d'art Moderne de la ville de Paris

JOINT VENTURE, Art in the office, A.T Kearney, Paris

STAND DER DINGE, The International Design Yearbook, Berlin, Braunschweig, Köln

1899-1999 PASSAGE DU SIECLE, Passage du Retz, Paris

1998 BIENNALE DE DESIGN DE ST. ETIENNE, St. Etienne

LA VIE EN ROSE, Fondation Cartier, Les Soirées Nomades, Paris

1997 PARIS-MILANO, Portrait d'une nouvelle génération, Intramuros, Milan

DESIGN FRANÇAIS : L'ART DU MOBILIER 1986-1996, Boulogne

MADE IN FRANCE, Centre Georges Pompidou, Paris

1994 COULEUR CAFE, Espace Faits divers, Genève

1998 FNAC (Fond National d'Art Contemporain), "Whippet Bench", "Sucette", "Business Class", Puteaux

1997 CENTRE GEORGES POMPIDOU, interrupteur "Switch", Paris

publications (séléction)

2002 CREATEURS CREATION EN FRANCE, Nathalic Chapuis, Editions Autrement, Paris

ZOO, N° 12, Purple House Publishing, London

2001 ART CONTEMPORAIN, Editions du Chêne – Hachette Livre, Paris

4e EXPOSITION DE SCULPTURE CONTEMPORAINE DE SHENZHEN, Chine

TEMPS DENSES, Lionel Blaisse et François Gaillard, les éditions de l'imprimeur, Besançon

DESIGNING THE 21st CENTURY, Charlotte & Peter Fiell, Taschen, London

ELEMENTS DE DESIGN INDUSTRIEL, Danielle Quarante, Polytechnica, Paris

DESIGN ET GAMMES, Les Villages, édition Hazan, Paris

2000 PRESENCE DE L'OBJET Créations céramiques au CRAFT Limoges, Grégoire Gardette Editions, Nice

APERTO VETRO 2000, Marco Romanelli, Electa, Milan

THE INTERNATIONAL DESIGN YEARBOOK, guest editor Ingo Maurer, Calmann & King, London

AIR EN FORME, musée des d'arts décoratifs de Lausanne, Lausanne

L'ECOLE FRANCAISE, Les créateurs de meubles du XXe siècle, Industrie Française de l'ameublement, Paris

1999 THE INTERNATIONAL DESIGN YEARBOOK, guest editor Jasper Morrison, Calmann & King, London

CONFORT ET INCONFORT, Les Villages, édition Hazan, Paris

1998 TEMPS DENSES, Lionel Blaisse et François Gaillard, les éditions de l'imprimeur, Besançon

50 PRODUCTS, Innovation in Design & Materials, Mel Byars, Pro Design Series, RotoVision, Switzerland

AZIMUTS, Biennale International de Design de St Etienne, Ecole des beaux arts de Saint Etienne

crédits photographiques / **photographic credits**

14-15 : RADI DESIGNERS ; **16-17** : RADI DESIGNERS ; **18-21** : RADI DESIGNERS ; **23** : PH. CHANCEL ; **24-25** : RADI DESIGNERS ; **26-27** : ROBERT STADLER, **29** : MARC DOMAGE /TUTTI ; **31** : RADI DESIGNERS ; **32-33** : FRANÇOIS PARVEAU, COURTESY GALERIE E. PERROTIN ; **34-35** : OLIVIER SIDET ; **37** : S. GARCIA ; **39** : BRUNO DUJARDIN ; **40** : RADI DESIGNERS, PROJET GUIDÉ PAR HÄAGEN DAZS ; **41** : RADI DESIGNERS ; **42** : OLIVIER SIDET ; **43** : ROBERT STADLER ; **44-45** : ROBERT STADLER ; **46-47** : RADI DESIGNERS ; **48-53** : MORGANE LE GALL ; **56-57** : ROBERT STADLER ; **58-59** : JOFFREY BELLO ; **60-61** : WOUTER ; **62-63** : DANIEL JOUANNEAU, D.A. : MATHIEU TRAUTMANN ; **64** : A. MORIN, COURTESY GALERIE E. PERROTIN ; **68-69** : ROBERT STADLER ; **70** : A. MORIN ; **72** : RADI DESIGNERS, COURTESY GALERIE E. PERROTIN ; **73** : RADI DESIGNERS, COURTESY GALERIE E. PERROTIN ; **74-75** : RADI DESIGNERS ; **76-77** : RADI DESIGNERS ; **78-79** : RADI DESIGNERS, COURTESY GALERIE E. PERROTIN ; **80** : ROBERT STADLER , **81** : CH. FILLOUX, COURTESY FONDATION CARTIER POUR L'ART CONTEMPORIAN, PARIS ; **84-85** : RADI DESIGNERS ; **86-87** : ROBERT STADLER.